I0476319

Matemática:

¿enemiga o aliada?

Autor: Prof. Félix Ramos, PhD

"Nunca consideres el estudio como una obligación, sino como una oportunidad para penetrar en el bello y maravilloso mundo del saber".

Albert Einstein.

Introducción:

El presente libro recoge un grupo de artículos que hemos estado publicando en un "magazine" local con vistas a mostrar a nuestros estudiantes el papel que las Ciencias y en este caso particular la Matemática, juegan en nuestra vida diaria.

Son básicamente ejemplos sencillos, explicados de una manera clara y sin emplear fórmulas demasiado rebuscadas, de modo que sean comprensibles incluso para los no muy duchos en la materia.

Queridos lectores, en la medida que comprendamos que la Matemática no es "un mal necesario", sino una maravillosa herramienta que nos devela un universo infinito de conocimientos tecnológicos, estaremos sentando las bases para nuestro éxito personal y profesional.

Matemática: ¿enemiga o aliada?

Los profesores de matemática escuchamos, frecuentemente, frases tales como: "… profesor, yo odio las matemáticas….", "…las matemáticas y yo no somos muy buenos amigos….", "… siempre tuve problemas con las clases de matemáticas…" o la más terrible de todas: "… ¿para qué necesito la matemática?...".

Todas estas frases muestran un problema mucho más profundo que el simple rechazo de un grupo de estudiantes a una materia determinada: Nuestros hijos reciben clases de matemáticas durante toda su vida escolar, pero la mayoría no logra percibir la relación y el papel de esta ciencia en su actividad diaria, más allá de su oficio o profesión.

¿Cuál es la causa? ¿Será incapacidad de los profesores que nos precedieron? ¿Estará el motivo en los libros de texto? ¿Serán deficiencias en la concepción de los programas de estudio? Yo no pretendo responder estas interrogantes, pues no tengo elementos de juicio que me permitan arribar a una respuesta justa y objetiva. Invito a los estudiosos de la pedagogía a que desentrañen la razón oculta de este rechazo, hacia una ciencia esencial para el desarrollo científico - tecnológico y para el crecimiento personal.

En mi opinión, la función de un profesor de matemáticas va más allá de transmitir un conocimiento que algunos sienten como indigerible y aburrido; el profesor es responsable de encontrar herramientas motivacionales para convertir a esta ciencia en una materia interesante, para descubrir la belleza oculta tras los números y símbolos, es el encargado de guiar al joven en el desarrollo de su pensamiento lógico y analítico. Tenemos que sentir la necesidad de orientar a nuestros estudiantes tal que uno de estos días, desenfadadamente, se nos acerquen y digan: "... Profesor, la matemática es realmente importante en mi vida....".

A través de este artículo quiero exponer algunos ejemplos muy simples, pero de la vida diaria, que nos muestran la importancia de las matemáticas.

Comencemos con los problemas relacionados al cálculo de porcientos:

Pensemos en el siguiente escenario: *Este fin de semana nos vamos a ir de compras. Necesitamos unas camisas, pantalones y un par de zapatos. Hemos recibido en casa algunos de estos cupones de descuento que suelen llegar a través del correo. Uno de los cupones es un "20% off" en una compra de más de $50.00 y el otro es de "$15.00 off" en una compra de igual magnitud. Supongamos que al comprar las cosas necesarias el monto total a pagar es $68.56.* La pregunta es *¿Qué cupón de descuento usar para ahorrar más dinero?* La siguiente tabla ilustra el análisis que debemos hacer:

Total a pagar	Cupón empleado	Cantidad que se ahorra	Cantidad a pagar
$68.56	$15.00 off	$15.00	$68.56-$15.00 = $53.56
$68.56	20% off	0.2($68.56)=$13.71	$68.56 - $13.71 = $54.85

Como se aprecia en la tabla anterior, en este escenario pagamos menos usando el cupón de $15 off (podemos ahorrar $1.29 respecto al cupón de 20% off).

¿Qué pasaría si el importe de nuestra compra fuera de $137.58?

Total a pagar	Cupón empleado	Cantidad que se ahorra	Cantidad a pagar
$137.58	$15.00 off	$15.00	$137.58-$15.00 = $122.58
$137.58	20% off	0.2($137.58) = $27.52	$137.58-$27.52 = $110.06

En este caso emplear el cupón de 20% off nos ahorrará muchos más dinero ($12.52 respecto al cupón de $15.00 off). La explicación de este resultado radica en que mientras mayor es el costo de nuestra compra, más dinero (descuento) representa el cupón de 20% off, mientras que el otro cupón es un descuento fijo de $15.00.

Veamos un segundo ejemplo, también relacionado al trabajo con porcientos:

Como parte de una inversión, hemos comprado acciones de una compañía "X" que cotiza en la bolsa de valores. Supongamos que compramos acciones *con un valor de $120.00 por acción. Por determinadas razones del mercado el valor de nuestras acciones disminuye un 20%, pero no vendemos, las mantenemos esperando un repunte y este sucede, tal que tras un tiempo el valor se eleva en un 22%.* La pregunta es: *¿Tenemos ahora acciones con mayor, igual o menor valor que al momento de la compra?*

Muchos podrían pensar que tras el incremento de un 22 % (mayor que el 20 % de reducción) tendrían más valor nuestras acciones. ¿Será esto verdadero?

La tabla que mostramos a continuación, nos muestra el análisis a realizar:

Valor inicial de la acción	Valor de la acción tras la disminución del 20% de su valor	Valor de la acción tras el aumento del 22% de su valor
$120.00	0.2($120.00) = $24.00 $120.00-$24.00 = $96.00	0.22($96.00) = $21.12 $96.00+$21.12 = $117.12

Como bien se puede apreciar, a pesar de que porcentualmente el incremento de valor fue mayor que la pérdida, el valor final de nuestras acciones es menor ($2.88 menos por cada acción). Esto se debe a que para calcular el nuevo valor de la acción tras la subida en el 22 %, debemos usar el valor de la acción tras la caída del 20%, que es de $96.00 en vez del valor inicial de $120.00.

Pretendemos continuar publicando, periódicamente, muchos más ejemplos del impacto de las matemáticas en nuestra vida diaria (intereses que pagamos por préstamos recibidos, uso de la estadística para predecir la probabilidad de ocurrencia de un evento, maximizar o minimizar determinadas magnitudes, etc.); de modo que padres y maestros, trabajando de modo coordinado, logremos motivar a nuestros hijos e incentivar en ellos el gusto por una ciencia que no envejece y que va a definir, a la larga, nuestra posición como potencia científica y tecnológica.

Compremos una casa: La matemática va en ayuda del sueño americano.

Todos en EUA aspiramos, uno de estos días, a comprar nuestra propia casa; decorarla a nuestro gusto y dejar a un lado la zozobra de pagar una renta "infinita" por vivir en un sitio que nunca será tuyo. Este acto ha sido por décadas, parte esencial del llamado "sueño americano".

Para tomar las decisiones financieras alrededor de la compra de una casa, es indispensable auxiliarse de un especialista en el tema, que nos ayude a elegir la mejor decisión para nosotros; pero es importante también comprender algunos principios básicos que nos hagan un "comprador inteligente", es decir un comprador que puede aportar criterios y entender el fundamento de cada una de las recomendaciones de nuestro asesor. Para esto, la matemática viene en nuestro auxilio.

Veamos antes algunas definiciones importantes (del idioma inglés), que deben hacerse familiares al tratar de adquirir una casa:

Préstamo (Mortgage): Es un préstamo a largo plazo (quizás hasta 30 o 40 años), con el propósito de comprar una casa y donde el inmueble es garantía del préstamo. Si el préstamo deja de pagarse, el prestamista toma posesión del inmueble.

Pago Inicial (Down Payment): Es la porción del precio de venta de la casa, que el comprador debe pagar inicialmente al vendedor. Este pago inicial es un porciento del precio de venta.

Cantidad del Préstamo (Amount of Mortgage): Es la cantidad prestada y se calcula como la diferencia entre el precio de venta y el pago inicial. Se usa para el cálculo del pago mensual.

Pago Mensual (Monthly payment): Es el pago que se debe hacer mensualmente durante todo el tiempo del préstamo.

Muchas veces al comprar estamos más preocupados por el monto del pago mensual, que por la cantidad final que vamos a terminar pagando por nuestra adquisición. El ciudadano promedio, en estos días de crisis, vive casi de "cheque en cheque", es decir tiene un presupuesto muy ajustado y no puede excederse en sus gastos.

El pago mensual depende varios factores entre los que se cuentan: cantidad prestada, tasa de interés (interest rate), el tiempo del préstamo (time of the mortgage), etc.

El préstamo puede tener una tasa de interés fija o variable. Cuando la tasa de interés es fija, usted hace los mismos pagos mensuales durante todo el tiempo del préstamo. Para tasas de interés variable, las cantidades a pagar cambian en el tiempo dependiendo de los cambios en las tasas de interés.

Algunos compradores califican para préstamos asegurados por la "Federal Housing Administration" (FHA) y a través de estos programas el pago inicial es mucho menor que para los préstamos normales.

La mayoría de las instituciones de préstamos requieren al comprador pagar uno o más puntos (points) en el momento en que el préstamo comienza.

Por ejemplo, un punto implica un pago del 1% del préstamo. Este pago se hace solo una vez.

La tabla siguiente (fragmento) nos muestra el pago mensual por cada 1,000.00 dólares de préstamos (incluyendo solo el principal y el interés):

Interés	Número de años del financiamiento					
%	15	20	25	30	35	40
6.5	$8.71	$7.46	$6.75	$6.32	$6.04	$5.85
7.0	8.99	7.75	7.07	6.65	6.39	6.21
7.5	9.28	8.06	7.39	6.99	6.74	6.58
8.0	9.56	8.36	7.72	7.34	7.10	6.95
8.5	9.85	8.68	8.05	7.69	7.47	7.33

Veamos el siguiente escenario, que nos ayudará a entender el proceso de toma de decisiones durante la compra de la casa:

Usted tiene la oportunidad de obtener un préstamo para comprar una casa, con las siguientes condiciones: préstamo de $200,000.00; un pago inicial de 10% y el pago de dos puntos en el momento del cierre.

13

El prestamista le ofrece las siguientes opciones:

Opción 1: Financiar la compra de la casa con interés fijo del 8.5 %, a pagar en 30 años. De acuerdo a la tabla interior eso significaría un pago mensual de $7.69 por cada $1000.00.

Opción 2: Financiar la compra de la casa con interés fijo del 7%, a pagar en 20 años. Esto representa $7.75 por cada $1000.00.

¿Qué opción aceptar? Para decidir debemos "hacer" algunos números. Para ambos casos:

El pago inicial será el 10% del préstamo: 0.1×$200,000.00 = $20,000.00.

La cantidad a financiar va a ser igual a $200,000.00 − $20,000.00 = $180,000.00

Costo de cierre (para dos puntos es el 2%) es 0.02×$180,000.00 = $3,600.00 (esto no se deduce del monto a pagar).

En la siguiente tabla resumimos los cálculos del pago mensual, el total de todos los pagos y el dinero total a pagar por concepto de interés. Como se puede apreciar, el interés pagado por el financiamiento a 30 años, termina siendo el 176.84% del préstamo de $180,000.00; mientras que con el financiamiento a 20 años, el interés representa el 86% del préstamo. Por otro lado el pago mensual solo se incrementó muy ligeramente al recortar el tiempo del préstamo.

	Pago mensual	Total de todos los pagos	Interés a pagar por el préstamo
1	(7.69x180,000)/1000 = $1384.20	$1384.20x30x12 = $498,312.00	$318,312.00
2	(7.75x180,000)/1000 = $1395.00	$1395.00x20x12 = $334,800.00	$154,800.00

Como conclusión de este ejemplo, que hemos desarrollado meramente con fines didácticos, se puede enunciar que es preferible la opción 2, pues un incremento de un poco más de 10.00 dólares en el pago mensual, va a representar un ahorro a largo plazo de $163,512.00 que usted pagaría por concepto de interés (opción 2).

Busquemos siempre asesoría a la hora de emprender un proyecto tan importante como la compra de una casa, pero no nos guiemos exclusivamente por las recomendaciones que nos hacen los que nos "asesoran"; tomemos papel y lápiz y hagamos nuestros propios números para estar seguros que nuestra decisión es la correcta. No tengan temor alguno. La matemática siempre estará disponible para ir en nuestra ayuda.

Circuitos de Hamilton y el Método del Vecino más cercano: Herramienta Matemática para ahorrar combustible y tiempo.

En este artículo queremos seguir ofreciendo ejemplos del uso de la Matemática para alcanzar el éxito personal y laboral. Esta vez explicaremos un método matemático que puede ser empleado para optimizar nuestros recorridos y de este modo ahorrar combustible y tiempo.

En nuestras ciudades abundan las pequeñas empresas que ofrecen servicios a domicilio: plomería, electricidad, aire acondicionado, entregas, entre otras. Muchos de estos pequeños empresarios no van más allá de tener un auto o camioneta donde se transportan, junto a sus herramientas y se mueven a todo el largo y ancho de nuestro condado, e incluso hasta condados aledaños.

Por el tipo de trabajo que realizan (muchas veces reparaciones sencillas o de mediana complejidad, entregas rápidas) pueden visitar a varios clientes, separados por decenas de millas, en una jornada de trabajo. Estas son empresas que no generan grandes ingresos y cualquier pequeño ahorro de dinero y/o tiempo puede representar la diferencia entre el éxito o el fracaso.

La optimización del trayecto puede evitarnos recorrer, innecesariamente, decenas de millas diarias y por ende ahorrarnos cientos de dólares mensuales por concepto de consumo de combustible y tiempo empleado.

Veamos el siguiente escenario: *Usted tiene planificado para mañana cinco limpiezas de aires acondicionados en diferentes puntos de la ciudad, situados en lugares tan variados como: Doral, Miami, Hialeah, Cutler Bay y Kendall. La pregunta en este caso es: ¿en qué orden debo realizar mi recorrido de modo que minimice las millas a recorrer?*

Lo primero es colocar las direcciones de cada sitio en una herramienta disponible para todos: Google Map. Hallamos la distancia que separa a cada uno de estos puntos (siempre nos ofrecerá más de una opción, pero vamos a elegir la que menor recorrido implique. Otro factor a considerar al elegir la ruta entre dos puntos será el horario y la densidad del tráfico por esa ruta). Terminado esto vamos a obtener un mapa como el que muestro a continuación (figura 1) y a partir de ese mapa vamos a crear un gráfico completo (figura 2.). Un gráfico se considera completo, cuando cada par de vértices están unidos con una línea recta. Los vértices coinciden con los sitios donde realizaremos nuestro trabajo. Las longitudes asignadas a cada eje, es la distancia que separa a cada lugar de uno de los restantes sitios de trabajo.

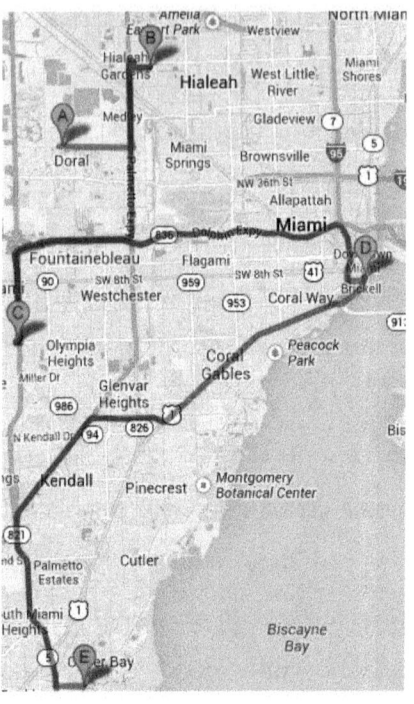

Fig. 1.

Llamaremos **Circuito de Hamilton** a un camino que trazaremos, tal que: salgamos de un punto o vértice, pasemos por todos los vértices una sola vez y regresemos al punto de partida.

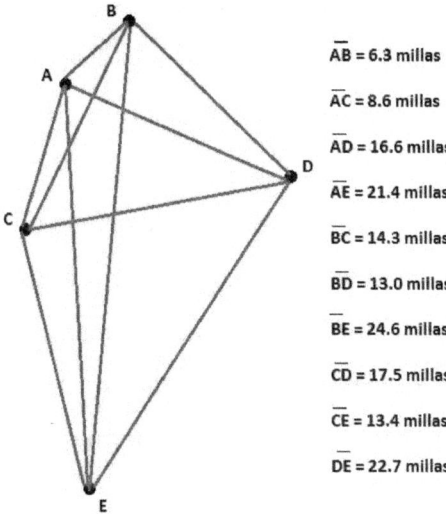

$\overline{AB}$ = 6.3 millas

$\overline{AC}$ = 8.6 millas

$\overline{AD}$ = 16.6 millas

$\overline{AE}$ = 21.4 millas

$\overline{BC}$ = 14.3 millas

$\overline{BD}$ = 13.0 millas

$\overline{BE}$ = 24.6 millas

$\overline{CD}$ = 17.5 millas

$\overline{CE}$ = 13.4 millas

$\overline{DE}$ = 22.7 millas

Fig. 2

El número de Circuitos de Hamilton que se forman en un grafico completo son (n − 1)!, donde n es el número de vértices. Como tenemos lugares a visitar, vamos tener (5 − 1)! circuitos posibles, esto implica 4! = 4x3x2x1 = 24. Quiere decir, hay 24 diferentes formas para hacer nuestro recorrido. Si incluyéramos solo un sitio más, los recorridos posibles se elevarían a 60. Son demasiadas combinaciones para probar recorrido por recorrido (nos tomaría demasiado tiempo). El método que analiza todos los caminos se llama "**Método de la Fuerza Bruta**" y es demasiado engorroso incluso para una supercomputadora cuando los vértices llegan a ser de 15, 16 o más. Es el único método realmente exacto, para encontrar el recorrido óptimo.

Ante este inconveniente vamos a explicar un método aproximado: "**Método del Vecino más Cercano**". En nuestro caso partiremos del vértice A (Doral). A este vértice "A" confluyen los segmentos AB, AC, AD, AE; el de menor longitud es AB, por lo que nos iremos directo a la dirección en Hialeah (6.3 millas). Parados en "B", encontramos que confluyen los segmentos BC, BD, BE; el de menor longitud es BD, por lo que nuestra siguiente parada será en la ciudad de Miami (13.0 millas). Ahora sobre "D" encontramos que tenemos dos opciones: DC, DE; la menor distancia es trasladándonos hasta Kendall, en el punto C (17.5 millas). El último sitio a visitar es Cutler Bay (siguiendo la vía CE de longitud 13.4 millas) y regresar al Doral (punto A) a través del segmento EA (21.4 millas). Nuestro circuito queda entonces como A, B, D, C, E, A (mostrado en la figura 3) y el total de millas a recorrer será de 6.3 + 13.0 + 17.5 + 13.4 + 21.4 = 71.6 millas.

¿Qué sucede si elegimos al azar cualquier otro circuito? Veamos:

A, B, C, D, E, A = 82.2 millas (10.6 millas más a recorrer).

A, C, B, D, E, A = 80.0 millas (8.4 millas más a recorrer).

A, D, E, C, B, A = 73.3 millas (1.7 millas más a recorrer).

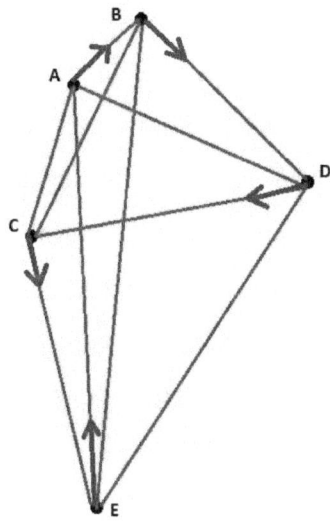

Fig. 3.

Sin embargo, el inconveniente de este método es que aunque te va a ofrecer un trayecto más corto que la mayoría de los posibles trayectos, no necesariamente este va a ser el óptimo. En este caso un trayecto mejor es ir a través de:

A, C, E, D, B, A = 64 millas (7.6 millas menos a recorrer, que en el camino ofrecido por el método del Vecino más Cercano). En este caso fue sencillo definir este trayecto de menor recorrido, por la poca cantidad de sitios a visitar.

Podemos considerar que vale la pena emplear este método a pesar de sus limitaciones pues: es muy fácil de implementar (basta tener acceso a Internet y un mínimo de habilidades con Google Maps), nos va a dar una trayectoria mejor que la mayor parte de las trayectorias posibles y en la medida que aumente el número de sitios a visitar (vértices de nuestro gráfico), va a ser más difícil encontrar, tanteando, el camino óptimo.

Sistema de ecuaciones lineales: Herramienta para el éxito en los negocios.

Muchas veces nos hemos preguntado para qué pueden ser empleados esos sistemas de ecuaciones lineales, que los maestros de matemáticas se empeñan en obligarnos a resolver. Generalmente esa pregunta se queda, curso escolar, tras curso escolar, flotando en el aire y nos graduamos sin haber comprendido la utilidad de semejantes "engendros" matemáticos.

A través de este breve artículo, trataremos de descubrir juntos la importancia de resolver y entender el significado de la solución de un sistema de ecuaciones, cuando es aplicado a la relación "costos - ingresos" derivada de la operación de una pequeña empresa, productora de determinado artículo.

Primero veamos, someramente, algunas definiciones del campo de la economía:

Ingresos (I): Se calcula como el producto del número de artículos vendidos (X) y el precio unitario de venta de los artículos (P). Traducido a notación matemática, la función ingresos se escribe como:

$$I(X) = P \times X$$

Costos (C): Se calcula como la suma del costo fijo (al que llamaremos CF) y el producto del costo de unidad producida (c) y el número de unidades producidas (X); considerando que cada una de las unidades que produzcamos serán vendidas. La función costo se representará matemáticamente como:

$$C(X) = CF + c \times X$$

Los costos fijos (CF) son aquellos costos que la empresa va a pagar independiente de su nivel de operación. Se incluyen como costos fijos: el pago de la renta de las instalaciones, el pago de seguros e incluso pudiera incluirse, en algunos casos, el costo de salario.

El punto de equilibrio es esencial en este análisis. Gráficamente se define como el punto de intersección de la función Ingresos, I(X) y la función costos, C(X). Desde el punto de vista económico, el valor de la coordenada "x" de ese punto nos alerta de cuantas han de ser las unidades a producir tal que el dinero que sale de nuestra empresa producto de los gastos, sea igual dinero que entra debido a los ingresos.

Ilustremos lo antes explicado a través de un ejemplo muy simple: *Una pequeña empresa produce zapatos a un costo fijo mensual (CF) de $2,500.00. El costo de cada producir cada par de zapatos es de $5.00 y el precio de venta de los zapatos a los distribuidores minoristas es de $12.00. ¿Cuál es la cantidad de zapatos mínima que se deben producir mensualmente para lograr que la empresa tenga ganancias (el ingreso sobrepase al gasto)?*

La función ingresos será:

$$I(X) = 12X$$

La función costo se determinará como:

$$C(X) = 2500 + 5X$$

Ahora auxiliándonos de Microsoft Excel, vamos a calcular los valores de las funciones I(X) and C(X) para diferentes cantidades de pares de zapatos producidos (tabla 1) y graficar ambas funciones en un sistema de coordenadas cartesianas (figura 1):

Unidades producidas y vendidas X	Ingresos I(X)	Costos C(X)
0	0	$2500.00
100	$1200.00	3000.00
200	2400.00	3500.00
300	3600.00	4000.00
400	4800.00	4500.00
500	6000.00	5000.00

Tabla 1. Valores de las funciones I(X) and C(X).

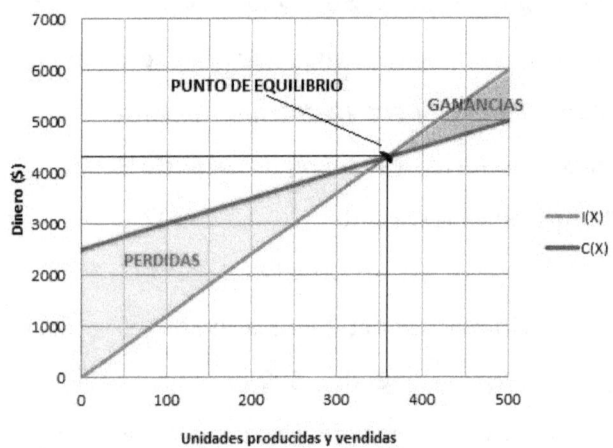

Figura 1. Representación gráfica del sistema de ecuaciones lineales (C(X) y I(X)).

Como se puede apreciar en la figura anterior, para que la empresa tenga ganancias debe producir y vender más de 360 pares de zapatos mensuales (coordenada X del punto de equilibrio). A medida que la producción y venta sobrepase la cantidad antes mencionada, el margen de ganancias de la empresa aumentará.

Este sencillo ejemplo, desarrollado con fines didácticos, nos muestra que nuestros maestros de matemáticas no intentan "torturarnos" al pedirnos resolver sistemas de ecuaciones. Sencillamente tratan de poner en nuestras manos herramientas poderosas para llevarnos al éxito personal y profesional.

Los sistemas de inecuaciones maximizan las ganancias de tu pequeña empresa.

Durante la Segunda Guerra Mundial fue desarrollada una técnica matemática que permitía aumentar la cantidad de insumos que eran transportados vía aérea, para el abastecimiento de las tropas.

Esta técnica llamada "Programación Lineal" permite resolver problemas en los cuales una cantidad determinada debe ser maximizada o minimizada. De modo muy básico consiste en la solución grafica o algebraica de un sistema de inecuaciones lineales.

Antes de ejemplificar la forma en que esta técnica ayuda en el crecimiento de un pequeño negocio, debemos mencionar un par de definiciones importantes.

Función objetivo: Es una expresión algebraica en dos o más variables que describe la cantidad a ser maximizada o minimizada.

Restricciones: Son impuestas por condiciones del problema real que se modela. Cada restricción es escrita como una inecuación lineal y agrupadas conforman un sistema de inecuaciones lineales.

A continuación resolveremos un problema hipotético, pero que muy bien puede enfrentar cualquier pequeño negocio.

Un fabricante de uniformes bordados tiene una ganancia de 5 dólares en cada uniforme (incluye pantalón y camisa/blusa) 3 dólares en cada bordado del logotipo.

El fabricante, debido a las maquinas que posee, cantidad de empleados y capital disponible se enfrenta a las siguientes restricciones:

1. *La cantidad máxima de uniformes que puede fabricar mensualmente es de 1000.*

2. *La cantidad máxima de logotipos que pueden ser bordados es de 800.*

3. *El costo de producir un uniforme es de 9 dólares y el de hacer un bordado es de 6 dólares. El gasto mensual de la empresa no puede exceder los 12,000 dólares.*

Para ayudar a nuestro empresario a maximizar las ganancias comenzaremos escribiendo la función objetivo. En esta función las variables empleadas representan las siguientes magnitudes: "X" es el número de uniformes producidos en un mes; "Y" es el número de bordados realizados en un mes; "Z" es la ganancia que obtiene la empresa a partir de sus producciones (variable a maximizar)

La función objetivo quedaría:

$$Z = 5X + 3Y$$

Representemos ahora las restricciones a través de inecuaciones lineales:

$$X \leq 1000$$

$$Y \leq 800$$

$$9X + 6Y \leq 12,000$$

Empleando Microsoft Excel, se grafican las inecuaciones y se resuelve el sistema, sombreándose la zona del gráfico donde se interceptan todos los conjuntos soluciones como muestra la figura 1. .

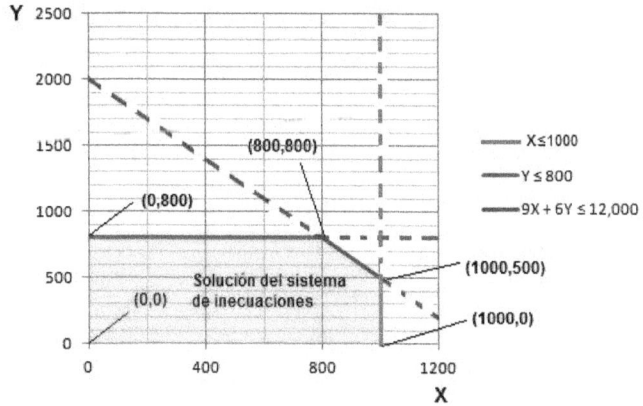

Figura. 1. Representación gráfica del sistema de inecuaciones lineales.

La zona sombreada es un polígono de irregular de 5 lados y 5 vértices (puntos de intersección entre los lados). A cada vértice le corresponde una coordenada X (número de uniformes producidos) y una coordenada Y (número de bordados realizados). Sustituyendo las coordenadas X y Y de cada vértice en la función objetivo, se obtiene la tabla 1 mostrada a continuación.

De acuerdo a los resultados de la tabla 1, la máxima ganancia se logra cuando la empresa produce 1,000 uniformes mensuales y 500 bordados. Esta ganancia máxima es de $6,500 dólares por mes.

Uniformes producidos (X)	Bordados realizados (Y)	Ganancia obtenida (Z)
0	0	$0.00
1000	0	5000.00
1000	500	6500.00
800	800	6400.00
0	800	2400.00

Tabla. 1.

Ahora le corresponde a nuestro empresario, organizar a su personal y disponer su empresa de modo que garantice un máximo de ganancia.

Como se puede apreciar, no son necesarios grandes conocimientos de matemáticas para hacer nuestra empresa más eficiente.

Ganar la lotería: ¿Ilusión improbable?

Cada día millones de personas, en nuestro país, juegan a la lotería persiguiendo una ilusión: "Ganar el Premio Mayor".

Esta ilusión se ve alimentada cada tres, cuatro o cinco semanas cuando escuchamos que alguien, en algún lugar, ganó unos "milloncitos de dólares" y pasó a engrosar el codiciado grupo de los millonarios.

Otros momentos que generan gran expectación es cuando pasan semanas y semanas sin ganador y los premios comienzan a aumentar, alcanzando varias decenas y a veces hasta cientos de millones. La población se vuelca entonces, frenéticamente, a jugar con la ilusión renovada de un golpe de suerte. Confieso que en esas ocasiones yo también me he gastado un par de dólares y me he comido las uñas mientras espero despierto los números ganadores. Hasta ahora no he ido más allá de un ticket gratis.

¿Cuán probable es ganar el premio mayor de la lotería? Veamos que nos dicen los expertos.

La siguiente frase la extraje de un famoso libro de Estadísticas y Probabilidades que se emplea en la mayoría de los Colleges y Universidades del Sur de Florida: *"La lotería es un impuesto sobre las personas que son malas en matemáticas"*.

¿Qué significa este planteamiento? ¿Existe realmente una contradicción entre la afición al juego de la lotería y el conocimiento de matemática? Para encontrar la respuesta vamos a profundizar un poquito en el cálculo de probabilidades.

¿Qué es probabilidad? Busquemos, online, algún diccionario de la lengua española y encontraremos una definición:

Probabilidad:

1. f. Cualidad o posibilidad verosímil y fundada de que algo pueda suceder.

2. Mat. Cálculo o determinación cuantitativa de la posibilidad de que se verifique un suceso.

En otras palabras, la probabilidad mide la posibilidad de que determinado suceso (por ejemplo: ganar el premio mayor de la lotería) ocurra o no.

La probabilidad (P) de que un evento ocurra se mueve entre cero y uno, tal que un evento es imposible si su probabilidad es cero y un evento va a ocurrir con toda certeza si su probabilidad es uno. Los profesores de Estadísticas y Probabilidades suelen explicar esto lanzando un dado de de seis caras numeradas del uno al seis. ¿Cuál es la probabilidad de que al lanzar el dado nos salga un nueve? Evidentemente es cero pues no hay cara numerada con un nueve. ¿Cuál es la probabilidad que nos salga un número entre uno y seis? La respuesta es uno, pues estos son los números que aparecen en las caras del dado.

Un evento se va a considerar **improbable** (su probabilidad de ocurrencia es muy pequeña), cuando la probabilidad es un número **igual o menor a 0.05**.

Después de este breve recordatorio de la teoría de las probabilidades, estamos cuasi listos para ver cuán probable es gana el premio mayor de la lotería. Basaremos nuestro cálculo en tres de los juegos más populares: "**Fantasy 5**", "**Lotto**" y **Power Ball**.

En el "Fantasy 5" tenemos números desde el 1 hasta el 36 y debemos seleccionar 5 de estos números, sin reemplazo (no se permite repetir números en el mismo panel). Como no importa el orden en que los números salgan, el cálculo del total de posibles combinaciones diferentes se realiza usando la fórmula:

$$_{36}C_5 = \frac{36!}{(36-5)!5!} = 376{,}992$$

Si ahora usted juega solo una combinación, su probabilidad de ganar será igual a dividir, uno entre el número de combinaciones diferentes, obtenido de la fórmula anterior:

$$P_{(mi-combinación)} = \frac{1}{376,992} \approx 0.000003$$

Como puede apreciar el valor obtenido de 0.000003 ($3x10^{-6}$) es mucho menor que 0.05 (valor que delimita a un evento improbable), por lo que es **muy probable** que usted **NO sea el ganador**.

En la "Lotto" es aún más difícil ganar. Se deben seleccionar 6 números de 53 posibles, sin reemplazo. Calculando el número de combinaciones:

$$_{53}C_6 = \frac{53!}{(53-6)!6!} = 22,957,480$$

Si juega un billete (una combinación):

$$P_{(mi-combinación)} = \frac{1}{22{,}957{,}480} \approx 0.00000004$$

Esta probabilidad es ridículamente pequeña (4×10^{-8}). No importa si usted juega 10, 50 o 100 combinaciones, su probabilidad seguirá siendo mucho menor que 0.05 y por tanto su victoria será muy improbable.

Veamos el peor de todos los casos: El "Power Ball". En este juego se usan dos paneles. Se toman los primeros cinco números, en cualquier orden, entre 1 y 59, mientras, por otra parte, el sexto número es fijo y se elige entre el 1 y el 35.

La fórmula empleada para calcular el número total de combinaciones diferentes será:

$$_{59}C_5 \times 35 = \frac{59!}{(59-5)!5!} \times 35 = 175{,}223{,}510$$

Si usted ha jugado una combinación, su probabilidad de ser el afortunado ganador es de:

$$P_{(mi\text{-}combinacion)} = \frac{1}{175,223,510} \approx 0.0000000057$$

Escrito en notación científica, tenemos: 5.7×10^{-9}. Si usted decidiera gastar dos millones de dólares comprando un millón de combinaciones, todas diferentes, aún su chance de ganar sería muy pequeño: 0.0057 (5.7×10^{-3})

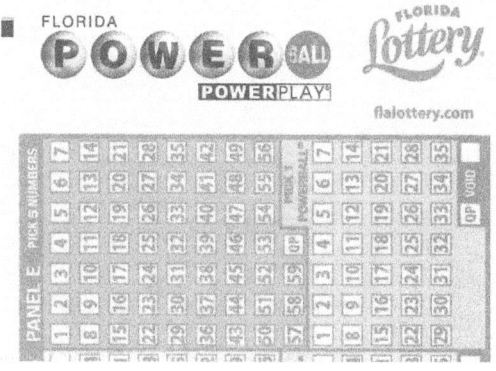

El objetivo de este artículo no es decirle categóricamente "No juegue a la lotería". Sin embargo, a la hora de jugar debemos hacerlo de modo responsable. No veamos a la lotería como el camino para la solución de nuestros problemas materiales y/o espirituales. El único camino al éxito pasa por el estudio, la adquisición de conocimientos y habilidades y la dedicación al trabajo.

Lo confieso, yo seguiré jugando algún número, alguna que otra vez, pero la mayor parte de mi tiempo y de mi dinero lo voy a invertir en estudiar y ser cada día más competente.

¿Son equitativos los sistemas de votación democrática?

En el año 1951 el economista Kenneth Arrow (premiado con el Nobel de Economía en 1972) probó la validez del ahora conocido como: "Teorema de la Imposibilidad de Arrow". Este teorema establece que: "es matemáticamente imposible para cualquier sistema de votación democrática, satisfacer los cuatro criterios de equidad". En otras palabras: **no existe, ni existirá jamás un sistema de votación democrática equitativo, cuando participen de la votación más de dos candidatos.**

¿Cuáles son estos criterios de equidad que Arrow menciona? Los cuatro criterios son:

Criterio de la Mayoría: Si un candidato recibe una mayoría de votos que lo ubican en primer lugar en una elección, entonces él debe ser el ganador de la elección.

Criterio "Head to Head": Si un candidato es favorecido cuando se compara separadamente (significado de "head to head") con cada uno de los otros candidatos, entonces este debe ser el ganador de la elección.

<u>Criterio de Monotonía:</u> si un candidato gana una elección y en una reelección, los únicos cambios son cambios que favorecen a este candidato, este debe resultar ganador de la elección.

<u>Criterio de Alternativas Irrelevantes:</u> Si un candidato gana una elección y en el recuento los únicos cambios son que uno o más de los candidatos son removidos de la boleta, entonces el candidato ganador debe ser aún el ganador de la elección.

Veamos algunos de los métodos que son usados para determinar el ganador de una elección:

<u>Método de la Pluralidad:</u> El candidato con más votos que lo ubiquen en primer lugar es el ganador.

<u>Método de Conteo de Borda:</u> Los candidatos son organizados de más favorecido a menos favorecido, cada último lugar recibe un punto, cada penúltimo recibe dos puntos, antepenúltimo recibe tres y así sucesivamente. El candidato con más puntos es el ganador.

<u>Método de Pluralidad con Eliminación:</u> El candidato con la mayoría de primeros lugares es el ganador. Si no hay candidato que reciba una mayoría de votos para primer lugar, se elimina de la tabla de preferencias al candidato con la menor cantidad de votos para el primer lugar y el resto de los candidatos son movidos un lugar hacia arriba. Si hay candidato con una mayoría de primeros lugares, va a ser el ganador, si no se repite el proceso.

<u>Método de Comparación por Pares:</u> Usando una tabla de preferencias, se compara cada candidato con el resto de los candidatos. En cada comparación el candidato preferido recibe un punto y si hay un empate, entonces recibe medio punto. Al final de todas las comparaciones el candidato que haya recibido más puntos va a ser el ganador.

Veamos un ejemplo sencillo:

Vamos a suponer que cuatro candidatos se postulan a para ser Presidentes de la Comisión de una ciudad "X". Los nombres de los candidatos serán: Jorge (J), Pedro (P), Ramón (R) y Carlos (C). La comisión de la ciudad está integrada por 18 comisionados (incluyendo los cuatro postulados y que no participarán de la votación). La tabla de preferencia que recoge el resultado de las boletas de votación, de los catorce comisionados que votan es mostrada a continuación:

Tabla de preferencias				
# boletas con orden similar	6	4	3	1
1er Lugar	J	R	C	P
2do lugar	R	P	R	J
3er lugar	P	J	J	R
4to lugar	C	C	P	C

De acuerdo al <u>método de la pluralidad</u> el ganador de la elección sería **Jorge** al recibir seis votos en primer lugar; en segundo lugar queda Ramón con cuatro primeros lugares; luego Carlos con tres votos para Presidente y finalmente Pedro con solamente un voto para la primera posición.

Apliquemos ahora el método del conteo de Borda, vamos a asignar cuatro puntos por los votos en primer lugar, tres por los votos en segunda posición, dos por los votos en tercer puesto y finalmente un punto por los votos en cuarto lugar. De ese modo cada candidato recibirá:

Candidato	Votos x puntos asignados a esa posición	Total de puntos
Jorge (J)	(6x4)+(4x2)+(3x2)+(1x3)	41
Ramón (R)	(6x3)+(4x4)+(3x3)+(1x2)	45
Pedro (P)	(6x2)+(4x3)+(3x1)+(1x4)	31
Carlos (C)	(6x1)+(4x1)+(3x4)+(1x1)	23

Acorde a los resultados obtenidos por este método, evidentemente, es **Ramón** quién recibe mayor puntuación (cuarenta y cinco puntos) y por tanto gana la votación.

Al usar dos sistemas diferentes para el conteo de votos, hemos obtenidos diferentes ganadores. Por un lado, el método de la pluralidad (que da por vencedor a Jorge) viola el criterio de "head to head", pues al comparar un candidato contra otro Ramón ha recibido mejores puntuaciones que Jorge. Por otro lado, el método de Borda (que da por vencedor a Ramón) viola el criterio de la mayoría, pues Jorge ha recibido mayor cantidad de votos para el primer lugar que Ramón. Si probáramos los otros dos métodos mencionados al principio, posiblemente encontraríamos nuevas discrepancias.

¿Indican acaso estos resultados que la votación democrática es una ilusión, una falacia? Por supuesto que no.

La cuestión se trata de establecer las reglas, de modo bien claro, antes de que se realice la elección. Por otra parte, cuando se emplea uno u otro sistema de votación democrática, se viola uno u otro de los principios de equidad; pero cuando se eligen los oficiales "a dedo", como hacen los "regímenes totalitarios", se violan todos los principios de equidad juntos.

Apostemos a la votación democrática, a pesar de sus inevitables carencias.

Estimados estudiantes, espero que a partir de la lectura y análisis de los ejemplos anteriores se sientan un poco más motivados por el estudio de la Matemática. Esta es una herramienta sin par en la toma de decisiones profesionales y personales.

Suerte.

Prof. Félix Ramos, PhD

Edición del autor.

Miami, Estados Unidos.

Junio de 2015

E-mail: felixrm1971@gmail.com

www.ingramcontent.com/pod-product-compliance
Lightning Source LLC
Chambersburg PA
CBHW071005180526
45168CB00003B/1301